Bibliografische Information der Deutschen Nationalbibliothek:

Die Deutsche Bibliothek verzeichnet diese Publikation in der Deutschen Nationalbibliografie; detaillierte bibliografische Daten sind im Internet über http://dnb.d-nb.de/ abrufbar.

Impressum:

Copyright © 2019 GRIN Verlag
Druck und Bindung: Books on Demand GmbH, Norderstedt Germany
ISBN: 9783668874558

Dieses Buch bei GRIN:

https://www.grin.com/document/457694

Michel Felgenhauer

Bionik und digitale Bildverarbeitung.

Laterale Inhibition und Aktivierung

GRIN Verlag

BIONIK UND DIGITALE BILDVERARBEITUNG
Laterale Inhibition und Aktivierung

In einem Gastvortrag für junge Physiker sollten die Beiträge der belebten Natur zur Verbesserung der digitalen Bildverarbeitung zur Sprache kommen, Bionik eben. Zum Glück begann ich rechtzeitig genug, meine Rede vorzubereiten, denn gleich am ersten Tag musste ich bitter erleben, wie weit das Wissensgebiet der Digitalen Bildverarbeitung entfernt ist von alldem, was ich bisher so halbwegs verstanden, bearbeitet und programmiert hatte, kurz: ein Desaster. Durchaus amüsiert nahmen mich meine jungen Kollegen immer wieder im letzten Moment an die Hand oder „setzten mich auf den Topf", wie man hier im Preußischen so treffend sagt und verabreichten dem alten weißen Mann hilfreiche Hinweise aus der Misere. Lieben Dank dafür. Auf der anderen Seite erlebte ich eine Reise in die eigene Vergangenheit, denn es drängte sich plötzlich ein „Cold Case" in die vordere Reihe der Prioritätenliste. Der Vortrag war dann auch alles andere als eine Sternstunde der Wissenschaft, aber meine Zuhörer und letztendlich auch ich haben das Ding irgendwie überlebt. Aus der Sicht der Bionik und vor dem Hintergrund avisierter Verbesserungen fiel mein Beitrag weit hinter meine und die Erwartungen der geduldigen Zuhörer zurück. Der Aufsatz fasst zusammen, was ich Euch schuldig blieb.

Mi. Felgenhauer, Berlin im Januar 2019

Abstract. The idea of the computing tissue will be explored with regard to future digital image processing methods. The implementation of local neuronal inhibition and activation modeled on the biological complex eye in proper computer code succeeds easily.

Der Idee des rechnenden Gewebes wird in Hinblick auf zukünftige Digitale Bildverarbeitungsmethoden nachgegangen. Die Implementation der lokalen neuronalen Inhibition und Aktivierung nach dem Vorbild des biologischen Komplexauges in Computercode gelingt problemlos.

BIONIK

Aufgabe der Bionik ist es, Prinzipien der belebten Natur zu entschlüsseln, mit dem Ziel, diese auf Technik zu übertragen und vollkommen neuartige Problemlösungen zu entwickeln. Bionik verbindet Biologie und Technik und Bionik verbindet somit Naturwissenschaften, insbesondere die Biologie und Physik, mit den Ingenieurwissenschaften, dem Maschinenbau, Design, der Informatik und der Verfahrenstechnik. Von übergeordnetem Interesse sind Bauweisen und Strukturen belebter Systeme, die mit hohem Wirkungsgrad arbeiten und in der Lage sind, sensorisch-physikalische Wirkungen zu erfassen und zu verarbeiten. Der bionische Übertragungsprozess bezeichnet einen Transfer von physikalischen Wirkungen der äußeren Welt auf ein inneres Milieu des betrachteten Biosystems. Die Wechselwirkung der physischen Welt mit dem biologischen Wesen generiert jene Information, die für sein Leben und dessen Fortbestand „wesentlich“ sind. Dies gilt in besonderem Masse für Wahrnehmungsphänomene, beobachtet in der belebten Natur. Dieserart wird immaterielle Information zu einem kostbarem Gut, das – nachdem es „erzeugt“ wurde – bearbeitet, verarbeitet, geleitet, gespeichert wird, kurz: gehegt wird. Interessanterweise ist Information zunächst einmal neutral gegenüber der Art aller Erzeugungs- und Transport- und Verarbeitungsprozesse an und in einem Wesen. Auf dieser abstrakten Ebene des wesentlichen Hegens finden wir eine Schnittmenge, die die belebte Natur mit Technik verbindet.

Die Sinne der Lebewesen sind seit Anbeginn der Bionikforschung Gegenstand der Theorie- und Modellbildung in der Biosystemanalyse. Biologische Sinne waren und sind Inspiration und Vorbild für technische Sensoren, Informationsverarbeitungsverfahren und technische Endgeräte. Im Vorfeld ist es nun nützlich, noch ein paar Begriffe zu klären, die in der nachfolgen Diskussion um die digitale Bildverarbeitung auftauchen. Die Darstellung rechts zeigt einen schwarzen Punkt auf einer weißen Fläche, sowie das zugehörigen RGB-Signal[1]. Dieserart werden in der Digitalen Bildverarbeitung visuelle Größen repräsentiert. In der Physik bezeichnen „intensive Größen“ Zustandsgrößen, die sich bei unterschiedlicher Größe des Systems nicht ändern. Intensive Größen sind also „skalen-invariant“, beispielsweise Temperatur und Druck, Dichte und elektrische Spannung. Extensive Größen (z.B. Volumen, Energie, Entropie, Masse, Ladung) ändern sich mit der Größe (Skalierung) des Systems. Der RGB-

[1] Ein RGB-Farbraum ist ein additiver Farbraum, der Farbwahrnehmungen durch das additive Mischen dreier Grundfarben (Rot, Grün und Blau) nachbildet. Das Farbsehen des Menschen ist von drei Zapfentypen geprägt. Dieser Farbraum basiert im Prinzip auf der Dreifarbentheorie. http://www.am.uni-duesseldorf.de/de/Links/Tools/farbtabelle.html

Farbraum ist ein additiver Farbraum, der der Farbwahrnehmungen durch das additive Mischen dreier Grundfarben (Rot, Grün, Blau) emuliert. Insofern stellt sich ein Signal, das in der Bildverarbeitung wahrgenommen werden soll, auf den ersten Blick als eine Intensität dar. Das RGB Signal wird in einem eigenen Kanal für R, G, B übertragen und gespeichert.

Da ich mich nachfolgend auf graue Darstellungen beschränke, ist alleine schon der Umstand, dass RGB-Weiss mit dem Zahlenwert int8(weiß)=(255, 255, 255) codiert wird, bemerkenswert (int8(schwarz)=(1, 1, 1)). Rein intuitiv ordnet man ein (grunderdiges) Schwarz einen höheren Wert zu, als einem (luftigen) Hellgrau.

In der (physikalischen Wechsel-) Wirklichkeit der Bildverarbeitung muss man sich daher auch subjektiv eine Strahlungs- und Reflektionsintensität von 0 bis 255 vorstellen.

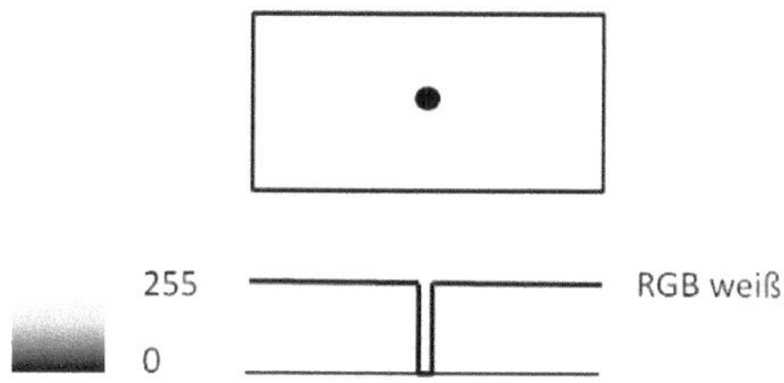

COLD CAUSA

Bilaterale Inhibition und Aktivierung am Facettenauge der Insekten.

Ästhetik handelt von der sinnlichen Wahrnehmung einer realen Welt. Es sind also einerseits unsere Sinne im Spiel, Reize und Empfindungen, auf der anderen Seite ist dort die reale Welt. Das Wahrnehmen einer realen Szene unterstellt Anteile, die wir nur als wahr „annehmen“, die also subjektiver Natur sind, durch objektive Sinnesphysiologie nicht erklärt werden können oder nur schwer beschreibbar sind, als Wechselwirkung erfahrbar ist. Aus dieser Sicht betrachtet stellt sich die von uns erfahrene Wechselwirklichkeit als nur einen klitzekleinen Teil der erfahrbaren Realität dar. Diese unsere Sicht auf die Wechselwirklichkeit und die Umwelt im Speziellen wird nach einer von Herrmann von Helmholtz 1866 aufgestellten Theorie, von Erfahrungen getragen, die wir im Alltag dann unbewusst einsetzen um über das Wahrgenommene zu schlussfolgern.

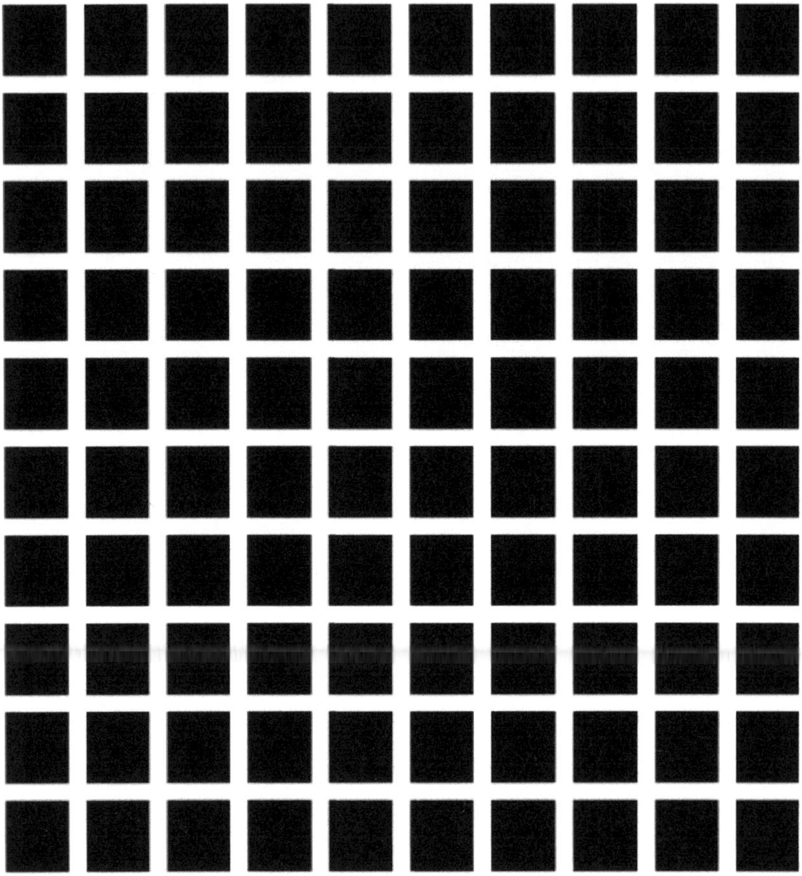

Das kann auch mal schiefgehen und in unbekannten Situationen zu falschen Interpretationen führen. Das Hermann-Gitter wurde von Ludimar Hermann im Jahre 1870 vorgestellt. Beim Gitternetz glaubt der Betrachter, in den Schnittpunkten eines Liniengitters schattenartige Flecken zu sehen. Sie flackern und sind nur wahrzunehmen, solange man seinen Blick nicht darauf konzentriert[2]. Das Herrmann-Gitter ist aber weniger Gegenstand der Wahrnehmungs-psychologie und auch nicht subjektiver Natur. Vielmehr handelt es sich um ein neuronales Phänomen das sowohl am menschlichen

[2] Aus: https://de.wikipedia.org/wiki/Optische_Täuschung

Auge erklärt werden kann, als auch am sehr viel einfacher aufgebauten Insektenauge. Interessanterweise bedient dieser physiologische Umstand und Zusammenhang gerade nicht den so genannten Mainstream unserer Zeit. Ein aktueller Survey zeigt, dass das Facettenauge derzeit nicht sehr weit oben auf der Liste dringender und notwendiger Forschungsfragen steht.

Das war nicht immer so. Die in den 70er und 80er Jahren des vergangenen Jahrhunderts Erwachsengewordenen kannten aus ihrer Kindheit ausschließlich analoge Technik mit knisternden Röhren, Vinyl mit jaulenden Tonabnehmernadeln; das UHER versorge wilde Partys mit aus dem Radio mitgeschnittenem Led Zeppelinen. Wir wuchsen mit Rechenschiebern im Studium und später als Wissenschaftler mit den Begriffen „Chaos-Theorie“ und „künstliche Intelligenz“ auf. Das Programmieren des Uni-Computers erfolgte mit rechteckigen Löchern, die an einer in Reihe stehenden etwa klaviergroßen Maschine in Pappkarten geschossen wurden. Mein erster Kontakt zu programmierbaren Digital-Computern war der HP 37 mit sagenhaften 49 Programmierzeilen und UPN (umgekehrt polnischer Notation). Als wir endlich so halbwegs zu löten gelernt hatten, starb die Analogtechnik. Fortan sollte alles digital berechnet und digital beschrieben werden. Analog ist anachron und analoge Technik trifft nicht gerade den „Nerv“ der rezenten Forschung und Verfahren, die nahezu ausnahmelos auf digitale Speicherung und Weiterverarbeitung erhobener Mess-, Berechnungs- und Wahrnehmungsphänomene aufsetzen, werden als genau so „alternativlos“ angesehen wie alle Digitalisierungsbemühungen der Regierenden[3], wenn sie eigentlich die Gentrifizierung[4] meines Schreibtisches im Sinn haben. Erst dieser Tage war in unserem Hause anlässlich einer E-Board-Schulung von der Selbstverständlichkeit ausgegangen worden, sich mit einem i-Phone in die zugehörige Cloud einzuloggen um den vollen Umfang der Hard- und Software nutzen zu können. Das wäre jetzt keiner zynischen Erwähnung wert, wenn nicht genau diese Technik und diese Schulung im Berliner Schulunterricht flächendeckend eingesetzt werden will. Mein Versuch, die neue und neuerdings „funkende Scheckkarte“ an die Bank meines Vertrauens zurückzugeben scheiterte unter mütterlichem Kopfschütteln der freundlichen Kundenberaterin; ein Haifischlächeln schob mir dann eine metallbeschichtete Schutzhülle über den Tresen. Wenn dies die Digitalisierungsoffensive der Machthabenden, also Konzerne, Banken, gelegentlich Regierende ist, findet sie

[3] Dieser Tage ist hier im Wedding, Berlin schon wieder eine „i-wischende“ Frau von der Straßenbahn erfasst worden.

[4] Gentrifizierung (von englisch gentry „niederer Adel“), auch als Yuppisierung bezeichnet man den sozioökonomischen Strukturwandel großstädtischer Viertel und häuslicher Schreibtische durch eine Attraktivitätssteigerung zugunsten Zahlungswilliger.

ohne mich statt. Eine funkende Karte ist wie ein Progrom[5] gegen ein Girokonto. Gut, dieser Aufsatz soll keine persönliche Trauerrede werden, zum Widerstand gegen die politikverordnete Digitalisierung aufzurufen, oder einer Reanalogisierung das Wort zu reden, aber hier und heute und in der Digitaltechnik von morgen wird die Versuchung groß sein, die Welt wie aus einem Wetterhäuschen aus beobachtet, erklären zu wollen. Die Tatsache, dass sich in den Hirnen von Lebewesen bestimmte Areale dezidierten Wahrnehmungsorganen zuordnen lassen, ist der sich derzeit verbreitenden Ansicht förderlich, der biologische (Wahrnehmungs-) Prozess sei in Wirklichkeit so etwas ähnliches wie ein zentral compilierbarer Computeralgorithmus, ein Programm. Und diese Ansicht liegt im Trend. Gerade die rezente Welle neuer „Produkte mit künstlicher Intelligenz" gibt uns einen kleinen Vorgeschmack auf zukünftige digitale Marketingkampagnen für digitale Produkte und Dienstleistungen.

Betrachten wir das Wesentliche. Entgegen der unsympathischen Entwicklung werde ich an dieser Stelle behaupten, dass es in der belebten Natur vorteilhaft analoge Bildverarbeitungsprozesse gibt und dass beispielsweise dem biologischen Sehen „mechanische" Anteile innewohnen, die wir nachfolgend lokalisieren wollen.
Die Komplexaugen vieler Insekten sind Extrembeispiele schneller paralleler analoger Informationsverarbeitung. Die einzelnen Sinneszellen (Ommatidien) der Facettenaugen sind darüber hinaus außerdem in der Netzhaut neuronal eingebettet und an ihren Endungen, den Synapsen, chemisch miteinander gekoppelt. Die analoge Informationsverarbeitung beim Sehvorgang beginnt also bereits in der neuronalen Bettung; ich behaupte: das Gewebe kann rechnen! Die Zahl parallel arbeitender Ommatiden pro Auge kann sehr groß sein: von 300 bei weiblichen Glühwürmchen (Lampyris) bis zu 30.000 bei schnell fliegenden Libellen. Die Verarbeitungsfrequenz der visuellen Information erfolgt bei der Stubenfliege Musca Domesticus[6] in der Arbeitsspielfrequenz ihres mechanischen Tragflügel-Schlagsystems. Dieses arbeitet mit bis zu vierhundertvierzig Flügelschlägen pro Sekunde, also genau jener Frequenz von f=440 Hz des Kammertons A. Vor dem Hintergrund, dass das menschliche Auge die Arbeitsfrequenz des deutschen Stromnetzes von f=50 Hz besitzt, ist

[5] Pogrom steht für die gewaltsame Ausschreitung gegen Menschen, die entweder einer abgrenzbaren gesellschaftlichen Gruppe angehören oder aber von den Tätern einer realen bzw. vermeintlichen gesellschaftlichen Gruppe zugeordnet werden. Im Regelfall handelt es sich dabei um ethnische, politische oder religiöse Minderheiten, z. B. Mitglieder einer bestimmten Partei oder Religionsgemeinschaft.

[6] Die Stubenfliege (Musca domestica; lat. musca „Fliege", domesticus „häuslich"), auch Gemeine Stubenfliege oder Große Stubenfliege (zur Unterscheidung von der Kleinen Stubenfliege), ist eine Fliege aus der Familie der Echten Fliegen (Muscidae).

die informationelle Verarbeitungsfrequenz der Musca Domesticus beim Sehen monströs.
Die Facettenaugen befinden sich an Seiten des Insektenkopfes. Größe und Lage der beiden Komplexaugen und die Anzahl von Einzelaugen innerhalb eines Facettenauges ist nach Insektenart unterschiedlich und kann auch zwischen den Geschlechtern variieren. Die Wespe Megaphragma mymaripenne hat im Schnitt nur 29 Facetten pro Auge; sie ist mit 0,2 mm Körperlänge eines der kleinsten bekannten Insekten. Die Weibchen der Lampyris (Gattung der Glühwürmchen) haben 300 Ommatidien pro Seite, die Männchen bis zu 2500.

Die Einzelaugen des Insekten- Seeorgans sind über „Interneuronen" ausgesprochen klug miteinander verschaltet und bilden ein netzartiges Gefüge von Wechselwirkungen zwischen den neuronalen Bausteinen aus. Durch diese Querverschaltung treten genau die Effekte auf, die für das biologische Sehen nützlich sind, die Qualität der Wahrnehmung verbessern und die wir in das digitale Modell der analogen biologischen Informationsverarbeitung aufnehmen wollen. Durch elektrische Nervenimpulse initiiert, kann ein Neuron wie jede Körperzelle, Transmitterstoffe über Ionenkanäle aussenden und empfangen. Nervenzellen setzen ihre energetischen Mechanismen in den Ionenkanälen zum Aufbau eines Ruhepotentials von -70 bis -95 mV ein. Häufig wird dies als Kalium-Natrium-Pumpe bezeichnet. Es sind je Neuron etwa 106 Pumpmoleküle, (100 bis 200 pro µm2), die 200 Na+ und 130 K+ -Ionen durch die Membran transportieren können. Die Pumpmoleküle erhalten ihre Energie aus der Spaltung von ATP (Adenosintriphosphat) in ADP (Adenosindiphosphat). Die Erregung der Nervenzelle durch einen Reiz depolarisiert den Ruhezustand derart, dass die Membran spontan Na+ -Ionen transportiert und das Potential auf +10 mV steigt. Das äußere Potential steigt von Null auf -30 mV. Der Depolarisierungsprozess pflanzt sich längs einer Nervenfaser (Neurit) fort. Nach einer kurzen Zeit (Refraktärzeit = 1ms) kehrt das Ruhepotential zurück. Am Ende des Neurits befindet sich das Übertragungssystem zur nächsten Nervenzelle, die so genannte Synapsen-Pfote. Am dortigen Synapsen-Spalt leisten Transmittersubstanzen die Weitergabe des Impulssignals auf chemischem Wege. Durch die relativ rasche Rückkehr zum Ruhepotential können die Nervenfaser kurz hintereinander Nervenimpulse durchwandern. Die Nervenpulsfrequenz fN ist von der Reizstärke abhängig und variiert von fN=40 Hz bis etwa fN=120 Hz. Interessanter und auch sinnfälliger Weise ist die Übertragungsgeschwindigkeit vT eines Impulses durch die Faser nicht nur von deren Querschnitt abhängig sondern auch von der (System-) Temperatur. Bei höheren Lebewesen besitzen die Neuriten Einschnürungen oder verläuft der neuronale Transport über eine Kaskade von zwischengeschalteten Neuronen (Interneurone), was den Informationsfluss verlangsamt. Prinzipiell stellt das kein Defizit dar. Insbesondere die unterschiedlichen Geschwindigkeiten benachbarter neuronaler Prozesse ermöglichen die „Implementation" unterschiedlicher Leitungs-, Speicherungs-, Verschaltungs- und Verarbeitungs-Szenarien, so dass man zu Recht von einer „rechnenden Haut" sprechen kann. Der Transmissionsvorgang durch die Nervenfaser kann also langsam (vT<2 ms-1 bei DN=0.5µm) erfolgen oder auch recht flott (vT>80ms-1) bei einem Neuriten-Querschnitt DN=16µm. In vielen Fällen haben neuronale Transmissionsprozesse Betriebsbereiche, in denen eine Ansprechschwelle überwunden werden muss oder eine Obergrenze, bei der der Reiz nicht mehr normal übertragen werden kann[7]. Im Vergleich zu technischen Informationsverarbeitungsprozessen vom Stand der Technik ist die lokale neuronale Verarbeitungsgeschwindigkeit im biologischen System vergleichsweise gering. Wenn die Berechnung jedoch an allen 10.000 Ommatiden des Facettenauges gleichzeitig erfolgt, eröffnet sich uns eine neue Sichtweise. Die gleichzeitige, parallele Verarbeitung visueller Information von 100X100=10.000 Bildpunkten im Facettenauge der Stubenfliege kann offenbar mit einer Verarbeitungsfrequenz von 440 Hz, also in 2.3 ms pro Arbeitsspiel erfolgen.

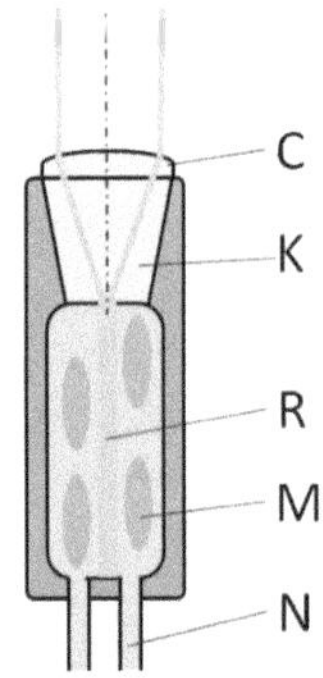

Der Gestaltaufbau der Komplexaugen der Insekten ist durchaus kompliziert. Die meisten tagaktiven Insekten besitzen Appositionsaugen. Nachtaktive Insekten haben optische Superpositionsaugen und schnellfliegende Insekten haben neuronale Superpositionsaugen. Der dioptrische Apparat des (Ommatiden-) Einzelauges besteht aus einem Chitinlinsenkörper (C) und einem darunter liegenden Kristallkegel (K). Die Chitinhülle bildet eine klare Chitinlinse (Cornea, C) aus, durch die das Licht ins Auge tritt, bevor es durch den Kristallkegel (K) fällt. Dieser leitet das Licht zu den Sehstäbchen (Rhabdom) (R). Das Rhabdom selbst besteht aus acht bis neun Rhabdomeren (M) die Sehpigmente enthalten und den Lichtsensitiven Teil der Sehzelle bilden. In der einschlägigen Literatur heißt es dann gerne: Hier hinein reichen die Nervenfasern (N) der nachgeschalteten Neurone, welche die Wahrnehmungen

[7] Die Daten sind einem nicht unveröffentlichten Bericht des Autors entnommen: Felgenhauer, Mi. (2019) MATRIZENVERFAHREN ZUR DIGITALEN BILDVERARBEITUNG, Facettenaugen als Vorbild schneller Algorithmen in der Bildsynthese.

zum Gehirn weiterleiten. Fällt Licht auf das Rhabdom, depolarisieren die Sehzellen und leiten das Signal so an die für Nervenzellen typischen Axone weiter.
Selbst für Techniker und Nichtbiologen endet die Geschichte C-K-R-M nicht unbedingt bei N. Anfang der 80er Jahre waren die Bionik-Vorlesungen von Prof. Rechenberg am Fachgebiet Bionik und Evolutionstechnik der technischen Universität Berlin bei uns jungen Studenten äußerst beliebt und stets „ausverkauft". Rechenberg, legte größten Wert darauf, dass die Story eben nicht bei N endet, sondern gewissermaßen dort erst anfängt. Die Haut rechnet! Die Einzelaugen des Insekten- Seeorgans sind über „Interneuronen" ausgesprochen klug miteinander verschaltet und bilden ein netzartiges Gefüge, gegenseitiger Beeinflussungen und Abhängigkeiten aus. Durch diese Querverschaltung treten genau die Effekte auf, die für das Sehen nützlich sind und in der evolutiven Entwicklung der Sehorgane einen selektiven Vorteil bieten. In der neuronalen Signalverarbeitung wirken chemische und neuroelektrische Effekte. Die Erkenntnisse über die neuronalen Verschaltungen der Insektennetzhaut sind universell und in einer etwas komplizierteren Weise auch bei Sägetieraugen anwendbar. Rechenberg, selbst ein Luft- und Raumfahrttechniker, führte mit großer Freude seine Interpretation der zellulären „Ionenpumpe" vor und nannte diesen Informationsverarbeitungsprozess „Laterale Inhibition". Das war vor dem Hintergrund der Forschung der neuronalen Systeme in den 70er Jahren richtig. Heute würde man vielleicht von „Lateraler Inhibition und Aktivierung" sprechen, die ein neuronales chemisch-elektrisches Vormuster erzeugt. Aktivierung deshalb, weil – wie wir unten gleich sehen werden – eine zweifache Gradientenbildung positive und negative Anteile enthält, die in der Superposition zu einem Vormuster anstehen. Über vereinfachende Modellvorstellungen ist der Effekt quantifizierbar.

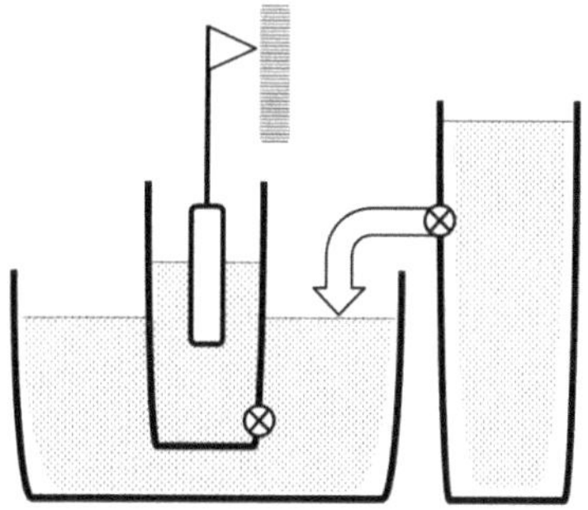

Das von Professor Rechenberg bevorzugte und in seiner Vorlesung zur Bionik an der TU Berlin vorgeführte „hydraulische Experiment" zur Lateralen Inhibition gehört zu den unvergessenen Stunden meiner Studentenzeit.

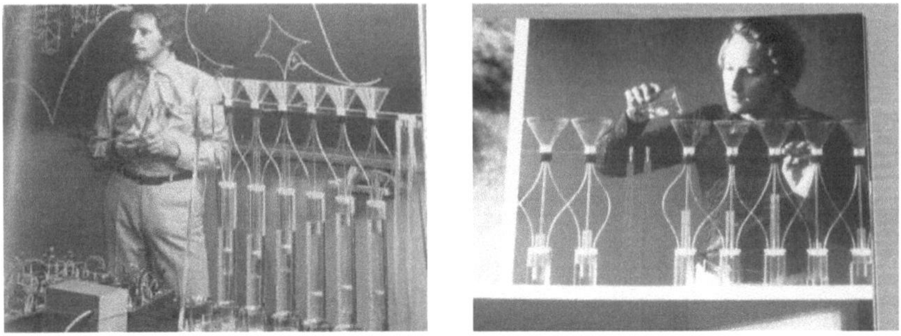

Abb.3: Prof. Dr.-Ing. Rechenberg, Technische Universität Berlin. Laterale Inhibition des biologischen Facettenauges. Hydraulisches Modell (rechts) und Analogschaltung der „rechnenden Netzhaut" (links unten im linken Bild). Foto: aus Broschüre B&E reproduziert (etwa 1980).

Natürlich haben wir Studenten damals mehr als nur geahnt, dass die Laborübungen mit analogen Elektronikbauteilen an analogen Steckbrettern, über denen immer ein Aura aus Kurzschluss und Kontaktfett waberte, bald von ihren digitalen Nachkommen ersetzt werden würden. Ja doch, es gab schon Taschenrechner. Und sie waren programmierbar und ein Segen. Dennoch hatten wir zugegebenermaßen keinerlei Vorstellung davon, wie die nähere – und dann natürlich digitale - Zukunft aussehen würde. Wie alle jungen Menschen das tun, stürmten wir diese Zukunft neugierig entgegen. Es war auch die Zeit, in der man sich für eine Programmiersprache zu entscheiden hatte. Assembler mit seinen Schieberegistern war einfach mal hochgradig unangenehm; BASIC war Spielzeug, FORTRAN war Pflicht und TURBO-PASCAL klang irgendwie gut. Das Rennen machten dann bekanntlich die Brillen[8] mit ihrem C^{++}.

Digital schluckt Analog. Gerade noch hatte Joseph Weizenbaum im brechend vollen Audimax der TU vor den Gefahren der anbrechenden Digitalisierung (1979) gewarnt, aber wir Studenten hatten das Leuchten in seinen Augen gesehen und dachten, trotz des Sterbens der uns immer und überall umgebenden Analogtechnik, dass Segen den Gefahren überwiegen werden. Ganz, ganz im Innern der Leiterplatte leisten ja auch nur Transistoren und Widerstände und Kondensatoren ihren elektrischen Dienst nur halt viel

[8] Brillen, später NERDs genannt.

kompakter. Dieses ganze Computer-Ding ginge nun erst mal so richtig los. Er war nur für eine kurze Zeit an der TU Berlin sichtbar, aber in diesen frühen 80er Jahren war Joseph Weizenbaum Kult; er, der sympathische Skeptiker. 1923 in Berlin geboren, emigrierte er 1936 in die USA und studierte dort an der Wayne University (Detroit) Mathematik. 1963 wurde Weizenbaum als Professor für Computer Science an das MIT berufen. Er war Gastprofessor unter anderem an der TU Berlin, der Havard University und der Universität Hamburg.
Eine der herausragenden Leistungen Weizenbaums war die Entwicklung des Programms Eliza, das in den 60er Jahren einen Einschnitt in der Debatte um die Künstliche Intelligenz darstellt. Mit Eliza untersuchte Weizenbaum Probleme der computerunterstützten Verarbeitung der natürlichen Sprache. Weizenbaum hat in fundamentaler Weise das Wesen und die Grenzen des Berechenbaren erklärt. 1976 fasst er seine Sicht auf die Informatik in dem inzwischen in viele Sprachen übersetzten Buch "Die Macht der Computer und die Ohnmacht der Vernunft" zusammen. Sein Buch beeinflusste die gerade in Deutschland entstehende Informatik entscheidend: Der bis dahin vorherrschende technokratische Umgang mit großen Informationssystemen wurde zunehmend kritisiert. In einer Reihe von Informatik-Fachbereichen wurden Lehrveranstaltungen zu Informatik und Gesellschaft als fester Bestandteil ins Curriculum aufgenommen.

Zurück zum biologischen Wesen und zum Facettenauge der Insekten. Auf neuronaler Seite kommt es zu einer Superposition der aktuell wahrgenommenen Information mit der noch immer existierenden (nachhallenden, irgendwie stehenden, visuellen) Information. Da sich das Tier im Fluge bewegt, ist das rezent wahrgenommene Muster gegenüber dem Nachhallenden ein klein wenig örtlich oder auch zeitlich oder auch beides „verrückt“. Diese Verrückungsoperation hat es in sich! Wir werden sehen, dass die Information translative und transitive Anteile besitzt, aus denen (sagen wir an dieser Stelle mal) informationelle Konstrukte extrahiert werden können, die Ortsableitungen und zeitlichen Gradienten ähnlich sind. Aus technischer Sicht beleuchtet, erscheint das Informationssystem, als ob es wie eine „Kopier- und Verschiebe-Maschine mit Blattwendeeinrichtung“ funktionieren könnte, also: “kopieren, verschieben, ablegen, nochmal kopieren, verschieben, halt - jetzt erst wenden und dann erst ablegen“. Das Ganze einmal nach links und einmal nach vorn. Rack, rack. Es hört sich so ein bisschen an wie MONEY von Pink

Floyd[9], wenn man die Platte ein wenig schneller abspielt. Oder erheblich schneller, denn der gesamte Vorgang dauert nur zwei tausendstel Sekunden. Wir bleiben semantisch: Das Ablegen ordnen wir intuitiv dem CHEMO zu, das Kopieren vielleicht dem NEURO. Verschieben ist eindeutig der MECHANO, der intermittierenden Antrieb, der auch die Arbeitsspielfrequenz triggert.

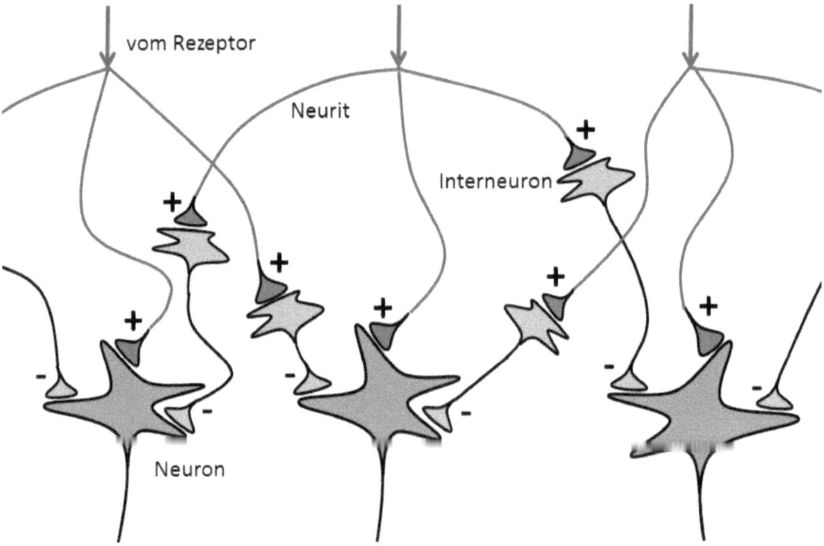

Abb.2: Neuronale Struktur für den Informationsverarbeitungsprozess „Lateralen Inhibition“.

Die Einzelaugen des Insekten- Seeorgans sind über „Interneuronen“ ausgesprochen klug miteinander verschaltet und bilden ein netzartiges Gefüge, gegenseitiger Beeinflussungen und Abhängigkeiten aus. Durch diese Querverschaltung treten genau die Effekte auf, die für das Sehen nützlich sind, die Qualität der Wahrnehmung verbessern und die wir in das digitale Modell der biologischen Informationsverarbeitung aufnehmen wollen.

---

[9] Money ist ein Song der britischen Rockband Pink Floyd. Er wurde von Roger Waters geschrieben und erschien 1973 auf dem Album The Dark Side of the Moon. https://www.youtube.com/watch?v=-0kcet4aPpQ

Betrachten wir zunächst eine in einer Linie verkettete Anordnung von Ommatiden und ihre neuronale Querverschaltung in der schematischen Abbildung unten. Die Verdrahtung der Rezeptoren über Interneuronen mit Neuronen zu einer einfachen neuronalen Struktur leistet den in diesem Aufsatz beschriebenen Informationsverarbeitungsprozess der sogenannten „Lateralen Inhibition“. Es ist durchaus begründbar von einer „Lateralen Inhibition und Aktivierung“ zu sprechen und von einem informationeller Prozess, der im Gewebe ein neuronales chemisch-elektrisches Vormuster erzeugt. Aktivierung deshalb, weil – wie wir unten gleich sehen werden – eine Gradientenbildung positive und negative Anteile enthält, die in der Superposition zu einem neuronalen Vormuster anstehen.

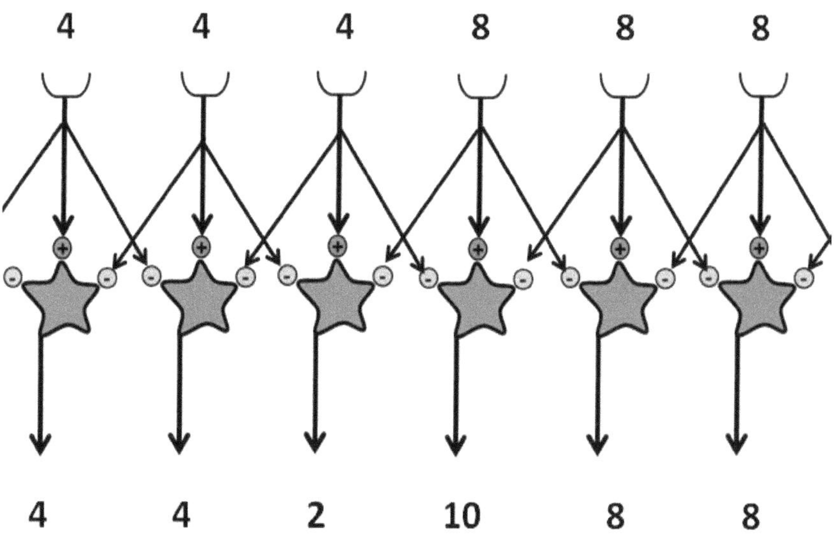

Abb.3: Neuronale Struktur für den Informationsverarbeitungsprozess „Lateralen Inhibition“ in einer technischen Darstellung. Die Verschaltung führt zu einer Reizüberhöhung 4 4 **2 10** 8 8 am Ausgang für den Fall eines Reiz-Gradienten 4 4 4 4 8 8 8 8 an den Sinneszellen am Eingang und hat die Wirkung einer „Kantenverstärkung“.

Ein peripherer Reiz trifft auf die Lichtsensiblen Rezeptoren, gelangt tiefer in das die Neuronen umbettende Gewebe, die rezeptive Struktur, erregt dort Interneuronen, die in der synaptischen Ebene den Signalfluss hemmen. Über vereinfachende Modellvorstellungen ist der Effekt auch quantifizierbar. Modellbildung des biologischen Systems (oben) mit seiner neuronalen Informationsübertragung und in einer technischen Darstellung (unten) als Blockschaltbild zeigen ein stark vereinfachendes linienhaftens Verschaltungsschema. Die Verschaltung führt im Bildchen unten zu einer Reizüberhöhung 4 4 **2** **10** 8 8 am Ausgang und für den Fall eines Reiz-Gradienten 4 4 4 4 **8 8 8 8** an den Sinneszellen am Eingang und hat die Wirkung einer „Kantenverstärkung". Beim Sehvorgang steigert die rezeptive Struktur mit zunehmender Reizstärke die laterale Inhibition und Aktivierung und damit die Kontrastierung der Bildinformation.

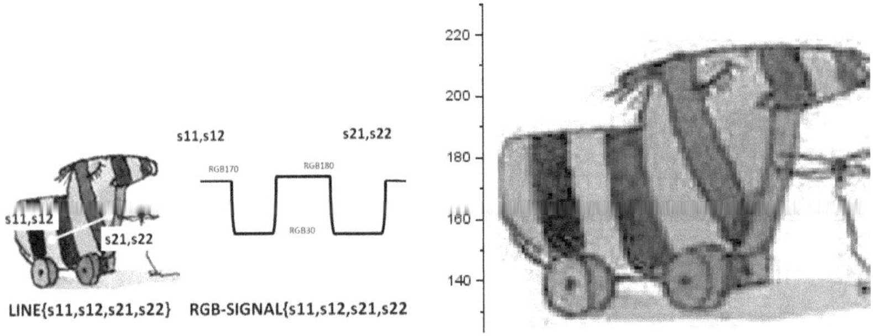

Abb.: Analyse eines linienförmigen RGB-Signals, LINE{s11, s12, s21, s22} ist offenbar ein „Zebra-Muster". Eine Kantenverstärkung interessiert sich für die aufsteigenden und abfallenden Flanken des Signals.

Die Aufgabe besteht nun darin, diesen analogen Prozess der Informationsverarbeitung eines (eindimensionalen) Signals in einem digitalen Modell für zweidimensionale Muster abzubilden. Stillschweigend übernehmen wir das Konzept des additiven RGB-Farbraums, also das additive Mischen dreier Grundfarben (Rot, Grün, Blau) auf ein vereinfachendes acht-Bit-Graustufensystem uint8(weiss) = (255, 255, 255), sowie des unteren Wertes uint8(scharz)= (0, 0, 0), das stellvertretend für einen Farbraum, der der visuelle Wahrnehmungen simuliert.

Bei der Simulation der bilateralen Inhibition und Aktivierung durch die Rechenberg'sche Bojen-Hydraulik werden lokale Intensitätsgradienten erzeugt, die den Nachbarelementen superponiert werden. Diese materielle Verschaltung werden wir jetzt in einem digitalen, numerischen Modell abbilden. Zunächst einmal soll eine Zeile LINE aus einem Bild extrahiert werden. Sie besitzt eine Lage LINE{s11,s12,s21,s22} Und ist offenbar ein „Zebra-Muster". Eine numerische Kantenverstärkung interessiert sich für die aufsteigenden und abfallenden Flanken des Signals.

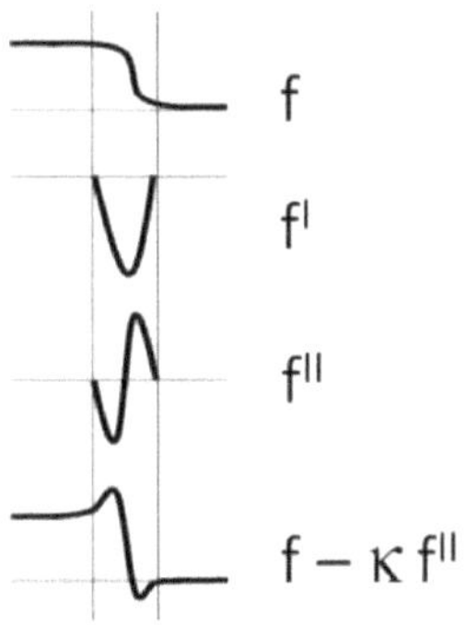

Bei gleichförmig diskretisierten Achsen entsprechen die Differenzen über das Signal einem Gradienten dr/ds über den Weg s. Dieser einfache, nur konservative Operationen enthaltende Algorithmus wird einmal auf das Signal und ein weiteres Mal auf sich selbst angewendet. Dieses Differenzen-Signal wird anschließend (gewichtet) mit dem Eingangssignal superponiert. Das Ergebnis dieser „multiplikationsfreien Berechnung" ist ein kantenverstärktes Signal, das sich wieder zu einer RGB-Bildmatrix zusammenmontieren lässt. Die Intensitätendiagramme offenbaren, dass das Differenzen-Signal im Koordinatensystem der Simulation ein wenig „herumrutscht" und dem Ausgangsignal durch die (erstmal irgendwie) skalierte Superposition eine nicht geringe Menge an Detail-Qualität verloren gegangen ist. Die Simulation des hydraulischen Modells Rechenbergs der biologischen Lateralen Inhibition und Aktivierung des Insektenauges durch Computeralgorithmen erfolgt innerhalb des Programms mit Realzahlen; auf der Ebene der RGB-Bilder sind Format-kompatible uint8-Integer-Zahlen erforderlich.

Nicht berücksichtigt wurde in der Modellvorstellung, dass das Facettenauge eine flächig-sphärische Anlage auf dem Insektenkopf ausbildet. Mit einer derartigen Anordnung sind nicht nur örtliche, sondern auch zeitliche Ableitungen (bzw. ihre Differenzen-Emulationen) möglich. Dies ist vor dem Hintergrund von Bedeutung, dass die visuelle (Abtast-) Frequenz des Sehsystems beispielsweise mancher fliegenden Insekten mit deren Hauptarbeitsspielfrequenz zusammenfällt. Bei der Stubenfliege Domesticus[10] beträgt die Arbeitsspiel-frequenz f=440 [Hz] Flügelschläge pro Sekunde. Das ist erstens die Frequenz des Kammertons „A", der in einer längst vergangenen Zeit

[10] Die Stubenfliege (Musca domestica; lat. musca „Fliege", domesticus „häuslich"), auch Gemeine Stubenfliege oder Große Stubenfliege (zur Unterscheidung von der Kleinen Stubenfliege), ist eine Fliege aus der Familie der Echten Fliegen (Muscidae).

als Freiton des Festnetztelefons zum Gitarrenstimmen verwendet werden konnte, zweitens ziemlich hoch. Deshalb vielleicht tut sich der Mensch (visuelle Frequenz f=50 [Hz]) beim Fliegenfangen so schwer. Die Arbeitsspielfrequenz des Facetten-auges ist gleichzeitig die Zeitdiskretisierung in Flugrichtung. Selbst wenn das Fliegenauge nur annähernd so primitiv sein sollte wie das in diesem Aufsatz vorgestelltes mechanische Modell, ergibt sich ein Hochleistungs-messgerät exponierter biologischer Art. Laterale Kantenverschärfung zweiter Ordnung und axiale sowohl Geschwindigkeits- als auch Beschleunigungs-berechnung in Echtzeit sind unter den Ziel- und Entwicklungsmerkmalen moderner Mustererkennungssysteme die absoluten Wunschkandidaten. Weil sie ja „intelligente" Waffen und Drohnen bauen wollen, wäre das digitalisierte Analogkonzept ein lukrativer Tip für unsere entfesselten Märkte; zum Glück lesen BWLer keine Aufsätze über Stubenfliegen.

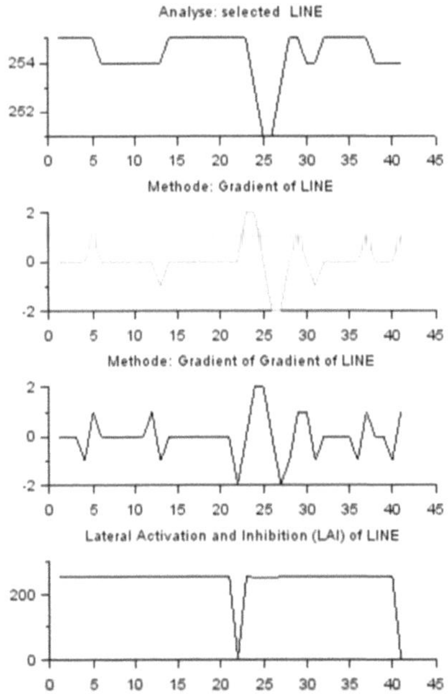

Abb.: Kantenverstärkung an einer Linie eines RGB-Bildes. Eingangssignal (oben), erster und zweiter Gradient mit der multiplikationsfreien Methode. Superpsition des zweiten Gradienten auf das Anfangssignal (unten).

RESUME

Tatsächlich war das Seminar, in dem wir ein analog-elektrisches Modell des Insektenauges auf unseren Experimentierplatten zusammensteckten, eines der Letzten seiner Art. Als ich ein paar Jahre später hauptberuflich ins Fachgebiet Bionik und Evolutionstechnik der TU stieß, war die Analogtechnik vollends aus dem Curriculum verschwunden. Deshalb war es mir heute ein besonders Bedürfnis diese COLD-CAUSA der lateralen Inhibition nach fast vierzig Jahren noch einmal anzufassen.

Dezember 2018. Wir Bioniker, meine an der TU Berlin promovierende Kollegin und ich waren also eingeladen, in einem Gastvortrag für junge Physiker, einen BIONIK-Beitrag zur Seminarreihe „Digitale Bildverarbeitung" beizusteuern. Solche Einladungen sind oft sehr lieb gemeint, aber nicht immer ein Geschenk. Für Programmierkünste nicht gerade berühmt versprach ich, das Problem der Lateralen Inhibition auf digitaler Ebene entweder innerhalb einer Woche zu knacken, oder mich freiwillig auf einen der durchaus geduldeten Allgemeinplätze der digitalen Weiterverarbeitung von Bilddaten zurückzuziehen. Am Freitagnachmittag führte ich dem engeren Kreis nicht ohne Stolz mein (den Analog-Prozess der Lateralen Inhibition und Aktivierung emulierendes) Computerprogramm am Beispiel des Tigerentenbildes vor. Noch während der Algorithmus Zeile für Zeile die Kantenverstärkung nach dem Vorbild der Facettenaugen abarbeitete, was wahrlich ein langweiliger, weil langwieriger Vorgang ist, spielte mir ein supernetter junger Kollege einen ausgesprochen nützlichen Link[11] ein mit den Worten: „Micha, hast Du eigentlich dieses Buch, mit dem die Physik-Studies arbeiten?" Nein, hatte ich nicht.
Während der Algorithmus nun wieder und wieder Zeile für Zeile abnudelte durfte ich jetzt in Echtzeit erleben dass das, - so lernte ich bei einem flüchtigen (digitalen) Blättern - was ich nach gefühlt sechzig Stunden Transpiration und einer ganzen halben Stunde Inspiration als Simulation vorführte, seit ewigen Zeiten in der digitalen Bildverarbeitung als Laplace-Operator bekannt ist.

Laplace: $G(x,y) = -\nabla^2\{F(x,y)\}$ mit $\nabla^2=(\delta^2/\delta x^2)+(\delta^2/\delta y^2)$
mit $\Delta=\nabla^2$ (Nabla ∇ und Laplace Δ).

[11] https://vdocuments.site/digitale-bildverarbeitung-eine-einfuhrung-mit-java-und-imagej-2nd-edition.html

Algorithmen für Laplace-Filter sind in der absolut empfehlenswerten oben erwähnten Literatur zur digitalen Bildverarbeitung beschreiben und (bitte) nicht Gegenstand dieses Aufsatzes.
Das Facettenauge der Stubenfliege ist ein Extrembeispiel schneller, analoger Wahrnehmungssysteme in der belebten Natur. Strukturell sorgen neuronale Anordnungen und eine kluge Verschaltung der Informationskanäle für fest verdrahtete Wahrnehmungsfunktionen, etwa der in diesem Aufsatz betrachteten Kantenverstärkung der Bilddaten durch lokale Inhibition und Aktivierung. In der Digitalen Bildverarbeitung sind für diese Aufgabe der Kantenverstärkung bekannt; ganz ohne einen Blick auf die belebte Natur.

Waren die Sinne der Lebewesen schon in der frühen Bionikforschung Gegenstand der Biosystemanalyse, Theorie- und Modellbildung, so sind ihre prozessoralen und methodischen Aspekte auch heute noch wenig erforscht im Sinne einer anwendungsbezogenen Bionik. Biologische Sinne waren und sind Inspiration und Vorbild für technische Sensoren, Informationsverarbeitungs-verfahren und technische Endgeräte.
Die Idee der rechnenden Haut eines Wesens sollte in Hinblick auf zukünftige Technik der Frage der „mit der Hardware verschränkten Algorithmen“ nachzugehen. Eine Implementation der lokalen neuronalen Inhibition und Aktivierung nach dem Vorbild des biologischen Komplexauges in modernen Computercode gelingt problemlos.

In freundlicher Erinnerung an das Fachgebiet BIONIK und EVOLUTIONSTECHNIK der Technischen Universität Berlin,

Mi. Felgenhauer, Berlin Januar 2019

Bibliographie und ergänzende Hinweise

1. Die Stubenfliege (Musca domestica; lat. musca „Fliege“, domesticus „häuslich“), auch Gemeine Stubenfliege oder Große Stubenfliege (zur Unterscheidung von der Kleinen Stubenfliege), ist eine Fliege aus der Familie der Echten Fliegen (Muscidae).
2. Scilab ist ein leistungsfähiges und freies Softwarepaket für Anwendungen aus der numerischen Mathematik, das ehemals am Institut national de recherche en informatique et en automatique (INRIA) in Frankreich seit 1990 als Alternative zu MATLAB entwickelt wurde und seit 2003 vom Scilab-Konsortium weiterentwickelt wird.
3. Matlab (Eigenschreibweise: MATLAB) ist eine kommerzielle Software des US-amerikanischen Unternehmens MathWorks zur Lösung mathematischer Probleme und zur grafischen Darstellung der Ergebnisse. Matlab ist vor allem für numerische Berechnungen mithilfe von Matrizen ausgelegt, woher sich auch der Name ableitet: MATrix LABoratory.
4. Ein RGB-Farbraum ist ein additiver Farbraum, der Farbwahrnehmungen durch das additive Mischen dreier Grundfarben (Rot, Grün und Blau) nachbildet. Das Farbsehen des Menschen ist von drei Zapfentypen geprägt. Dieser Farbraum basiert im Prinzip auf der Dreifarbentheorie. http://www.am.uni-duesseldorf.de/de/Links/Tools/farbtabelle.html
5. Die Stubenfliege (Musca domestica; lat. musca „Fliege“, domesticus „häuslich“), auch Gemeine Stubenfliege oder Große Stubenfliege (zur Unterscheidung von der Kleinen Stubenfliege), ist eine Fliege aus der Familie der Echten Fliegen (Muscidae).
6. https://vdocuments.site/digitale-bildverarbeitung-eine-einfuhrung-mit-java-und-imagej-2nd-edition.html
7. Artificial intelligence (AI), sometimes called machine intelligence, is intelligence demonstrated by machines, in contrast to the natural intelligence displayed by humans and other animals. In computer science AI research is defined as the study of "intelligent agents": any device that perceives its environment and takes actions that maximize its chance of successfully achieving its goals. Colloquially, the term "artificial intelligence" is applied when a machine mimics "cognitive" functions that humans associate with other human minds, such as "learning" and "problem solving".

8. https://en.wikipedia.org/wiki/Artificial_intelligence
9. Mitchell Jay Feigenbaum (* 19. Dezember 1944 in Philadelphia, Pennsylvania) ist ein US-amerikanischer Physiker und Pionier in der Chaosforschung. Er gilt als Entdecker der Universalität der Periodenverdopplung. Im Jahr 1982 wurde er Professor an der Cornell University, erhielt im Jahre 1983 ein MacArthur Fellowship sowie 1986 den Wolf-Preis für Physik zusammen mit Albert Libchaber und 1987 den Dickson Prize in Science. Er ist seit 1986 Professor an der Rockefeller University und Direktor des dortigen Center for Studies in Physics and Biology.
10. https://de.wikipedia.org/wiki/Mitchell_Feigenbaum
11. Marvin Lee Minsky (* 9. August 1927 in New York; † 24. Januar 2016 in Boston, Massachusetts) war ein amerikanischer Forscher auf dem Gebiet der künstlichen Intelligenz; Teuvo Kalevi Kohonen (* 11. Juli 1934 in Lauritsala) ist ein finnischer Ingenieur, der vor allem durch die Entwicklung des neuronalen Modells der Self-Organizing Maps (auch als Kohonen-Karten bezeichnet) bekannt wurde. John Joseph Hopfield (* 15. Juli 1933 in Chicago) ist ein US-amerikanischer Physiker, Molekularbiologe und Neurowissenschaftler. Er ist vor allem durch seine Erfindung eines Assoziativen Neuronalen Netzes (Hopfield-Netz) 1982 bekannt.
12. Warren McCulloch und William Pitts: A logical calculus of the ideas immanent in nervous activity. In: Bulletin of Mathematical Biophysics, Bd. 5 (1943), S. 115–133,
13. Greven, H. (2006) Lebendgebärende Halbschnabelhechte, Biologie der Aquarienfische, Tetra Verlag GmbH 2006.
14. Finkenzeller, K. (2008), RFID-Handbuch: Grundlagen und praktische Anwendungen von Transpondern. 5. Aufl. München 2008, ISBN 978-3-446-41200-2.
15. ISO 69873: RFID für den Werkzeugbereich.
16. VDI 4472: Anforderungen an Transpondersysteme zum Einsatz in der Supply Chain
17. ISO/IEC 15961 AIDC RFID Data Protocol – Application interface
18. Meffert, B. Hochmuth, O. (2004) "Werkzeuge der Signalverarbeitung" Verlag Pearson Studium; Auflage: 1 (1. September 2004) ISBN-10: 3827370655, ISBN-13: 978-3827370655, und: Open-Access-Publikationsserver der Humboldt-Universität zu Berlin.

19. Markus Bogdahn, Druckmessung. https://de.wikipedia.org/wiki/Drucksensor
20. [8]Niebuhr, J., Lindner, G. (2002) Physikalische Messtechnik mit Sensoren. Oldenbourg Industrieverlag München. ISBN 3-496-27007-9
21. Der Halbschnabelhecht oder Hechtköpfige Halbschnäbler (Dermogenys pusilla) ist ein Fisch aus der Familie Zenarchopteridae, die früher als Unterfamilie bei den Halbschnäblern eingeordnet wurde, nun aber selbst Familienstatus besitzt. Der Halbschnabelhecht kommt im Süß- und Brackwasser vor. https://de.wikipedia.org/wiki/Halbschnabelhecht
22. Entgegenhaltung:
23. GM-Pat. 20 2009 008 655.0 (19112009) Haarförmiger Sensor für bewegte Fluide zum Betrieb mit RFID- Technik.